Josephine Nthia

Envolvimento das partes interessadas na estratégia e no desempenho da segurança marítima

Josephine Nthia

Envolvimento das partes interessadas na estratégia e no desempenho da segurança marítima

ScienciaScripts

Imprint
Any brand names and product names mentioned in this book are subject to trademark, brand or patent protection and are trademarks or registered trademarks of their respective holders. The use of brand names, product names, common names, trade names, product descriptions etc. even without a particular marking in this work is in no way to be construed to mean that such names may be regarded as unrestricted in respect of trademark and brand protection legislation and could thus be used by anyone.

Cover image: www.ingimage.com

This book is a translation from the original published under ISBN 978-3-659-85954-0.

Publisher:
Sciencia Scripts
is a trademark of
Dodo Books Indian Ocean Ltd. and OmniScriptum S.R.L publishing group

120 High Road, East Finchley, London, N2 9ED, United Kingdom
Str. Armeneasca 28/1, office 1, Chisinau MD-2012, Republic of Moldova, Europe
Printed at: see last page
ISBN: 978-620-8-33104-7

RECONHECIMENTO

Agradeço sinceramente à minha família e aos meus amigos pelo seu apoio e encorajamento durante o período de realização deste estudo.

Estou sinceramente em dívida e grato ao meu supervisor, Dr. Joseph Aranga, pelas orientações e sugestões mais valiosas e, sobretudo, por ter aceite supervisionar este projeto de investigação até à sua conclusão.

A Deus Todo-Poderoso dou toda a glória pela sua orientação e provisão, sem as quais o projeto não teria sido uma realidade.

DEDICAÇÃO

Dedico este trabalho aos meus queridos filhos Nadia Wega e Derrick Macharia, que foram uma grande inspiração durante o meu estudo.

ÍNDICE DE CONTEÚDOS

ABREVIATURAS E ACRÓNIMOS

ANOVA Analysis of Variance

BMU Beach Management Unit

DFID Department for International Development

FM Frequency Modulation

ISO International Organization for Standardization

IMO International Maritime Organization

KNBS Kenya National Bureau of Statistics

KMA Kenya Maritime Authority

KWS Kenya Wildlife Services

LAPSSET Lamu Port and South Sudan Ethiopia Transport Project

OECD Organisation for Economic Co-operation and Development

RESUMO

Este estudo procurou estabelecer o efeito do envolvimento das partes interessadas no desempenho da estratégia de segurança marítima da KMA no condado de Lamu, no Quénia. O envolvimento das partes interessadas tornou-se primordial para a maioria das organizações, não só devido à importância das partes interessadas na implementação de políticas de longo alcance, aos recursos consideráveis que detêm, mas também aos seus vastos conhecimentos necessários para a implementação bem sucedida de uma estratégia. Através de um inquérito transversal descritivo, os dados foram recolhidos através de questionários estruturados e administrados às principais partes interessadas, incluindo: unidades de gestão das praias, utilizadores de embarcações, serviços de vida selvagem do Quénia, unidade de polícia marítima, Ministério dos Transportes - Condado de Lamu e Autoridade Marítima do Quénia. O estudo utilizou ferramentas estatísticas descritivas para analisar o efeito do envolvimento das partes interessadas no desempenho da estratégia de segurança marítima no condado de Lamu. Foi utilizado um modelo de regressão múltipla para determinar a relação entre o envolvimento das partes interessadas na estratégia de segurança marítima e o desempenho no condado de Lamu. Os resultados do estudo revelaram um envolvimento significativo das partes interessadas no condado de Lamu e, por conseguinte, uma melhor sensibilização e desempenho da estratégia de segurança marítima no condado de Lamu. Os resultados da análise de regressão revelaram um efeito insignificante do envolvimento das partes interessadas no desempenho da estratégia de segurança marítima na região de Lamu. Este resultado pode ser atribuído ao curto período de tempo após a aplicação da estratégia de segurança marítima no condado de Lamu e o estudo. Em conclusão, verificou-se que a aplicação bem sucedida da estratégia assenta no apoio de toda a comunidade de partes interessadas, uma vez que a incapacidade de assegurar esse apoio pode ser contraproducente e contraproducente. Nessa medida, a necessidade de envolver as partes interessadas na implementação da estratégia torna-se inevitável.

CAPÍTULO 1

INTRODUÇÃO

1.1 Antecedentes do estudo

As partes interessadas fazem parte do ambiente externo da organização e, por conseguinte, são um elemento-chave na implementação da estratégia da organização. Freeman (2010) define as partes interessadas como os grupos sem cujo apoio a organização deixaria de existir. Por conseguinte, a tomada de decisões nas organizações deve ser cuidadosamente avaliada, tendo em consideração o poder e as intenções das partes interessadas cujas actividades podem influenciar o desempenho da organização (Pearce, 2011; Freeman, 2010). Todas as organizações existem para servir uma ou mais partes interessadas ou stakeholders e, portanto, têm relações com essas partes (Cole, 1997).

O estudo baseou-se na teoria das partes interessadas avançada por Freeman (1984). A teoria das partes interessadas incita as organizações a gerirem eficazmente as suas relações com as partes interessadas para poderem sobreviver no ambiente empresarial competitivo e alcançar um desempenho superior. A teoria das partes interessadas delineia a empresa como uma entidade através da qual numerosos e diversos participantes atingem objectivos múltiplos, mas nem sempre congruentes (Donaldson & Preston, 1995; Capon, 2008). Donald e Preston (1995) explicam ainda que a teoria das partes interessadas apresenta um modelo de empresa em que "todas as pessoas ou grupos com interesses legítimos e que participam numa empresa o fazem para obter benefícios". Além disso, a estratégia diz respeito ao facto de uma organização reconhecer a sua posição no ambiente externo e utilizar os seus recursos em benefício da organização e das suas partes interessadas (Capon, 2008). Berle e Means (1932) sugerem que a teoria das partes interessadas pode, na melhor das hipóteses, aplicar-se a grandes empresas cuja propriedade é pública ou está envolvida em transacções públicas. Por conseguinte, esta proposição apoia a aplicação da teoria das partes interessadas a empresas públicas como a Autoridade Marítima do Quénia (KMA).

O condado de Lamu é um dos seis condados da região costeira do Quénia, com sede na ilha de Lamu. Abrange uma faixa da costa nordeste do continente e o arquipélago de Lamu, com uma área de 6 474,7 km^2 e mais de 65 ilhas. A população do condado de Lamu está estimada em 101 539 pessoas, de acordo com o relatório do Censo do Gabinete Nacional de Estatísticas do Quénia (KNBS) (2009), e uma média de 2000 passageiros atravessam o canal de Lamu por dia. A base económica do Condado de Lamu está ancorada no sector marítimo, dependendo o Condado de

Lamu, em grande medida, do transporte marítimo para o comércio, a pesca e o turismo, e constitui uma ligação entre as ilhas e o continente para as actividades económicas e sociais (Condado de Lamu, 2014; KNBS, 2014). Isto é ainda mais importante com a construção em curso do porto de Lamu e do transporte do Sudão do Sul para a Etiópia (LAPSSET) e a sua implementação projectada, que deverá alterar em grande medida as operações marítimas devido ao aumento do tráfego marítimo nas águas de Lamu (Mokhele, 2015; Kasuku, 2012). Este estado de coisas exige a execução urgente de uma estratégia de segurança marítima para garantir actividades marítimas sustentáveis e eficientes nas águas de Lamu. Os indicadores de desempenho para esta estratégia incluem a redução dos acidentes marítimos, o aumento dos níveis de conformidade com os regulamentos de segurança marítima e o aumento das taxas governamentais em termos de licenciamento de embarcações conformes com a segurança (Contrato de Desempenho KMA, 2014 - 2015).

1.1.1 Envolvimento das partes interessadas

O envolvimento das partes interessadas, também designado por participação das partes interessadas, não é uma prática nova, uma vez que as organizações bem sucedidas sempre se esforçaram por compreender e responder às oportunidades e aos riscos colocados pelas suas partes interessadas, tais como empregados, clientes, fornecedores e comunidades de acolhimento. A atenção e a importância das partes interessadas aumentaram devido às crescentes complexidades do ambiente operacional, como os mercados difíceis, os assuntos públicos, as relações com os investidores e a gestão (Freeman, 1999; D'Aveni, 1994). O reconhecimento do valor que as partes interessadas trazem para uma organização, através do conhecimento adquirido com a diversidade, proporciona melhores relações e um melhor desempenho. No entanto, para satisfazer as diferentes necessidades das partes interessadas, foram desenvolvidas diferentes abordagens de envolvimento para garantir a inclusão e impulsionar o desempenho organizacional (Freeman, 1984; Harrison e Wicks, 2013).

Para que uma organização progrida, é imperativo que sejam tomadas decisões sólidas sobre as questões levantadas pelas partes interessadas, assegurando que as questões estejam no centro do órgão de decisão estratégica da organização; a gestão de topo (OCDE, 2004). Isto também pode ser adotado assegurando a conformidade com instrumentos importantes como os princípios da Organização para a Cooperação e Desenvolvimento Económico (OCDE) sobre a Governação Empresarial, a Norma AA1000 de Envolvimento das Partes Interessadas, as Diretrizes G3 da

Global Reporting Initiative ou, mais recentemente, a ISO 26000, que salientam o princípio fundamental da inclusividade, ou seja, que as organizações identifiquem, ouçam e tenham em conta as partes interessadas na tomada de decisões.

A Constituição queniana consagrou o conceito de envolvimento das partes interessadas em termos de referências constitucionais diretas à participação dos cidadãos no governo descentralizado; a alínea c) do artigo 174° diz que um dos objectivos da descentralização é "reforçar a participação das pessoas no exercício dos poderes do Estado e na tomada de decisões que as afectam". O artigo 184.°, n.° 1, alínea c), exige ainda a inclusão de mecanismos "de participação dos residentes" na legislação nacional relativa à governação e gestão das áreas urbanas e das cidades (Governo do Quénia, 2010). Além disso, confere aos cidadãos o direito de participar no processo de tomada de decisões e noutras funções dos órgãos legislativos nacionais e distritais. Especificamente, o n.° 1, alínea b), do artigo 118.° e o n.° 1, alínea b), do artigo 196.° obrigam as legislaturas nacional e distrital, respetivamente, a "facilitar a participação do público" no seu trabalho.

Além disso, o artigo 119.°, n.° 1, da Constituição do Quénia (2010) estabelece que os cidadãos têm o "direito de apresentar petições ao Parlamento para que este considere qualquer assunto da sua competência", o que significa que os quenianos podem solicitar ao Parlamento que aborde questões importantes para eles. O artigo 10.°, n.° 2, alínea a), inclui a participação do povo como parte dos valores e princípios nacionais de governação. Isto significa que os cidadãos têm o direito de fazer ouvir a sua opinião sobre questões de importância nacional.

1.1.2 Desempenho organizacional

A medição do desempenho organizacional tem sofrido mudanças em relação ao seu foco. Harrison e Wicks (2013) observam que o desempenho tem sido amplamente analisado a partir de uma perspetiva financeira, mas recomendam a consideração de aspectos não financeiros, bem como a inclusão da relação de causa e efeito entre a dimensão operacional e a dimensão estratégica das organizações. É importante para uma organização monitorizar a implementação dos seus planos e determinar quando os planos não são bem sucedidos e como melhorá-los. Atkinson, Waterhouse e Wells (1997) identificam a monitorização do desempenho organizacional como um elemento importante para garantir que os objectivos das partes interessadas são atingidos.

Ao longo do tempo, as organizações têm optado por colaborar mais com as principais partes interessadas, nomeadamente clientes, fornecedores e trabalhadores, para conceber processos mais eficazes e eficientes através do envolvimento na formulação e implementação das estratégias. Isto exige, portanto, que tanto a direção da organização como as expectativas das várias partes interessadas e o valor que será obtido sejam claramente compreendidos. Atkinson, Waterhouse e Wells (1997) observam o aumento do nível de compreensão das partes interessadas e a razão pela qual o seu envolvimento é fundamental para o êxito de uma estratégia. O desempenho organizacional deve, portanto, ser orientado para garantir que os objectivos das partes interessadas sejam alcançados.

De acordo com Swanson (2000), o desempenho organizacional pode ser medido pela qualidade dos bens ou serviços que oferece às suas partes interessadas. Harrison e Wicks (2013) indicam que quatro factores que mostram a utilidade percebida que as partes interessadas obtêm de uma organização incluem bens e serviços, justiça organizacional que é o tratamento justo, afiliação através da identificação com a empresa e custos de oportunidade, uma vez que estão intimamente associados à motivação das partes interessadas para cooperar nas actividades de criação de valor da empresa. Para ter um bom desempenho, é imperativo que as organizações desenvolvam os seus empregados e os tratem bem para que se tornem produtivos.

1.1.3 Estratégia de Segurança Marítima

A Estratégia de Segurança Marítima foi recentemente implementada pelos governos com o objetivo de reduzir as mortes, os incidentes e os acidentes no sector marítimo. A tónica é colocada nos principais factores que contribuem para as mortes e os incidentes ocorridos em navios de pesca, navios de passageiros e navios de carga dentro de um prazo estipulado (Governo irlandês, 2015).

No Quénia, a estratégia de segurança marítima está integrada no Plano Estratégico KMA, 2013 - 2018. As principais áreas de resultados para esta estratégia no Quénia incluem a redução dos acidentes de transporte marítimo, o aumento da utilização de dispositivos salva-vidas e o aumento da utilização de seguros pelos operadores de transporte marítimo até 2018 (Plano Estratégico KMA, 2013). Os quenianos esperam uma prestação de serviços em matéria de segurança marítima, o que se traduz em operações seguras e eficientes nas águas do Quénia. A KMA tem a responsabilidade de implementar e operacionalizar a estratégia de segurança marítima nas águas do Quénia, que abrange os 47 condados, incluindo Lamu (Plano Estratégico da KMA, 2013-2018).

Lamu é uma área-chave para a implementação da estratégia de segurança marítima, tendo em conta que o transporte marítimo é o principal meio de transporte dentro e fora do condado de Lamu e, por conseguinte, as funções económicas e sociais em Lamu estão ancoradas no transporte marítimo (KNBS, 2014; Lamu County, 2014). A construção do porto de Lamu está em curso, pelo que é necessária uma mudança urgente de paradigma por parte de todas as partes interessadas no sentido de uma navegação e utilização seguras da via navegável, que será aberta ao tráfego marítimo internacional assim que o porto de Lamu iniciar as suas operações. As partes interessadas na estratégia de segurança marítima de Lamu incluem proprietários de embarcações, operadores, utilizadores de embarcações, unidade de polícia marítima, o Governo do Condado e outras instituições governamentais.

1.1.4 Autoridade Marítima do Quénia

A KMA é uma empresa pública criada pelo Governo do Quénia ao abrigo da Lei KMA de 2006 para reforçar a administração marítima do Governo nas águas quenianas. O mandato da Autoridade inclui a implementação da segurança marítima, a proteção e a preservação do ambiente marinho. Isto está em conformidade com a declaração de missão da KMA "assegurar um transporte marítimo sustentável, seguro, limpo e eficiente em benefício das partes interessadas através de uma regulamentação, coordenação e supervisão eficazes dos assuntos marítimos" (Plano Estratégico da KMA, 2013 - 2018). Para este fim, a KMA empregou inspectores e inspectores de navios para garantir a conformidade da segurança dos navios, tanto estrutural como a disponibilidade de aparelhos salva-vidas para os utilizadores e operadores. A KMA trabalha com outras agências governamentais, como a polícia marítima, os Serviços de Vida Selvagem do Quénia e o departamento de pescas, para garantir a conformidade.

A legislação marítima nacional continua a ser um dos principais instrumentos para atingir os padrões internacionais de segurança e proteção e a preservação do ambiente marinho. A KMA tem a obrigação, em nome do Governo do Quénia, de fazer cumprir as convenções marítimas internacionais, especialmente as que emanam da Organização Marítima Internacional (OMI). Este papel é alcançado através de vários objectivos estratégicos, tais como a estratégia de segurança marítima, a prevenção da poluição marinha e o bem-estar dos marítimos, entre outros.

Os estatutos que orientam as operações da Autoridade Marítima do Quénia são a Lei KMA de 2006 e a Lei da Marinha Mercante de 2009, bem como os regulamentos marítimos pertinentes.

1.2 Problema de investigação

O envolvimento das partes interessadas tornou-se fundamental para a maioria das organizações, não só devido à sua capacidade de bloquear uma decisão ou a implementação de uma determinada política, mas também devido aos recursos consideráveis que detêm e aos conhecimentos necessários para a implementação bem sucedida de uma estratégia. O envolvimento precoce das partes interessadas reduz o risco de lentidão ou de fracasso na atualização de uma estratégia. Ajuda a evitar conflitos e gera o apoio necessário para o êxito e a eficácia da estratégia definida. As técnicas de envolvimento das partes interessadas devem ser utilizadas para construir relações genuínas e duradouras com os diferentes parceiros. Os compromissos devem conduzir a melhorias na formulação, implementação e revisão da estratégia, efectuando as alterações necessárias com base nos contributos das partes interessadas em diferentes fases (Freeman, 1999; D'Aveni, 1994; Harrison e Wicks, 2013).

O condado de Lamu é o anfitrião designado para o projeto do Corredor de Transporte do Porto de Lamu e do Sudão do Sul para a Etiópia (LAPSSET), cuja construção teve início em 2012 (Kasuku, 2012). Espera-se que as operações no Porto de Lamu transformem a situação do tráfego marítimo nas águas costeiras de Lamu, passando da atual população de 513 pequenas embarcações de água para uma vasta gama de navios, incluindo cargueiros convencionais, graneleiros e navios especializados, entre outros tipos de navios (KMA, 2012). Tendo em conta o que precede, a KMA estabeleceu uma sucursal em Lamu para implementar a estratégia de segurança marítima e preparar os cidadãos para o ambiente marítimo em mudança e mitigar incidentes, quase-acidentes e acidentes à medida que o tráfego de navios aumenta nas águas de Lamu (Plano Estratégico da KMA, 2013 - 2018). No entanto, a aplicação da estratégia de segurança marítima em

Lamu tem enfrentado uma grande resistência por parte das partes interessadas, incluindo greves, como se verificou a 29th de setembro de 2014 (The Star, 2014; Coast Week, 2014; Baraka FM, 2014), em que os operadores de barcos paralisaram as actividades de transporte em Lamu, resistindo às taxas e à regulamentação da KMA. Enquanto as partes interessadas resistem à regulamentação e às taxas, na eventualidade de um acidente marítimo, os cidadãos quenianos e a comunidade internacional podem questionar o desempenho da KMA enquanto autoridade responsável pela segurança marítima. Os acidentes marítimos são dispendiosos em termos de vidas humanas, perda de capital e poluição do ambiente e dos recursos marinhos.

Foram realizados vários estudos no Quénia sobre o envolvimento das partes interessadas nas organizações. Estes estudos são diferentes em termos de contexto e de metodologia. Oketch (2014) estudou o envolvimento das partes interessadas no desenvolvimento da estratégia em empresas públicas na região costeira do Quénia. Os resultados revelaram que as empresas públicas envolvem as suas partes interessadas no desenvolvimento da estratégia. Osano (2013) estudou o grau de envolvimento das partes interessadas no processo de gestão estratégica em organizações não governamentais de saúde no condado de Nairobi. Os resultados deste estudo estabeleceram que as organizações não governamentais de saúde no Condado de Nairobi envolvem as partes interessadas em grande medida antes de serem tomadas quaisquer decisões e políticas, embora as partes interessadas não estejam envolvidas na avaliação do processo estratégico. Embora Osano (2013) e Oketch (2014) tenham estudado diferentes aspectos do envolvimento das partes interessadas, o seu contexto é diferente e a generalização das suas conclusões para a indústria marítima pode não ser exacta, o que explica a lacuna de conhecimento que este estudo pretendeu preencher. Este estudo foi orientado pelas seguintes questões de investigação: como é que o envolvimento das partes interessadas influenciou o desempenho da estratégia de segurança marítima da KMA no Condado de Lamu? e qual é a relação entre o envolvimento das partes interessadas na estratégia de segurança marítima e o desempenho no Condado de Lamu, Quénia?

1.3 Objectivos da investigação

1. Estabelecer o efeito do envolvimento das partes interessadas no desempenho da estratégia de segurança marítima da KMA no condado de Lamu, no Quénia.
2. Determinar a relação entre o envolvimento das partes interessadas na estratégia de segurança marítima e o desempenho no condado de Lamu, no Quénia.

1.4 Valor do estudo

Os resultados deste estudo podem contribuir para a teoria, fornecendo conhecimento empírico sobre a relação entre o envolvimento das partes interessadas na implementação da estratégia e o desempenho de uma organização, com referência ao sector marítimo. Os investigadores podem beneficiar deste estudo como motivação para a sua replicação e investigação futura. O corpo de conhecimentos pode beneficiar dos dados recolhidos e das conclusões deste estudo, que serão utilizados em investigações futuras.

Os decisores políticos podem beneficiar deste estudo, uma vez que os dados recolhidos e as conclusões podem ser utilizados como referência para outros condados no sector marítimo para a implementação da estratégia de segurança marítima. Os decisores políticos podem, além disso, beneficiar do mapeamento das partes interessadas do sector marítimo no condado de Lamu e, por conseguinte, facilitar a afetação dos recursos e das infra-estruturas necessárias para a aplicação de várias estratégias noutros condados.

Os resultados deste estudo fornecerão informações para aplicação prática no sector marítimo, que poderão contribuir para a implementação de estratégias marítimas e, consequentemente, para o desenvolvimento do sector marítimo nascente no Quénia.

CAPÍTULO 2

REVISÃO DA LITERATURA

2.1 Introdução

O capítulo faz uma revisão da literatura sobre os fundamentos teóricos do estudo, o envolvimento das partes interessadas e o desempenho, a literatura empírica e termina com o resumo do capítulo e as lacunas de investigação.

2.2 Fundamentação teórica do estudo

A gestão das partes interessadas refere-se aos processos e comportamentos através dos quais uma empresa influencia as suas relações com as suas múltiplas partes interessadas constituintes que afectam e são afectadas pela realização dos seus objectivos (Freeman, 1984). A gestão das organizações (empresas) e das relações com as partes interessadas é um desafio devido à diversidade de interesses. A gestão das partes interessadas é um processo que tem por objetivo assegurar a congruência entre os objectivos concorrentes das diferentes partes e, por conseguinte, um exercício complexo. O objetivo do processo é assegurar uma abordagem disciplinada e coerente da análise e da tomada de decisões. Deve facilitar um processo de pensamento lógico que seja coerente com os objectivos das partes direta e indiretamente afectadas.

Segundo Dodd (1932), os gestores de uma instituição devem ter em conta o efeito das suas decisões, não apenas para os seus proprietários imediatos, mas para um público mais vasto afetado direta ou indiretamente. O desafio que se coloca aos gestores é o de assegurar que todos os interesses competitivos dos actores são tidos em conta, pelo que é necessário um equilíbrio cuidadoso através de um processo deliberado. Donald e Preston (1995) observam que a gestão das partes interessadas exige uma atenção simultânea aos interesses legítimos de todas as partes interessadas adequadas, tanto na criação de estruturas organizacionais e políticas gerais como na tomada de decisões caso a caso. Este requisito é fundamental para todos os que estão não só na cadeia de decisão, mas também para os que são direta ou indiretamente afectados.

Para gerir eficazmente as partes interessadas, Freeman (1984) avançou com a teoria das partes interessadas, que incentiva as organizações a gerirem eficazmente as suas relações com as partes interessadas, a fim de sobreviverem e terem um melhor desempenho. Freeman (1984) recomendou que as organizações desenvolvessem certas competências das partes interessadas, que incluem o compromisso de monitorizar os interesses das partes interessadas, o desenvolvimento de estratégias para lidar eficazmente com as partes interessadas e os seus interesses, a divisão e categorização dos interesses em segmentos geríveis e a tentativa de garantir que as funções organizacionais respondem às necessidades das partes interessadas. Key (1999) observa que o fenómeno que Freeman tenta explicar é a relação da empresa com o seu ambiente externo e o seu comportamento nesse ambiente.

Diversas teorias das partes interessadas foram avançadas por diferentes académicos para explicar ou identificar a natureza da interação entre a empresa e as partes interessadas. Cada uma destas teorias solidificou a medida em que a gestão precisa de considerar o seu nível e a natureza da relação com as partes interessadas ao definir estratégias para atingir os objectivos da sua organização. Donaldson e Preston (1995) identificaram três tipos diferentes de teoria das partes interessadas: teoria descritiva, instrumental e normativa das partes interessadas.

A teoria descritiva das partes interessadas descreve e, por vezes, explica as operações das empresas, enquanto a teoria instrumental é utilizada para identificar as ligações, ou a falta de ligações, entre a gestão das partes interessadas e a realização dos objectivos tradicionais das empresas. A teoria normativa das partes interessadas foi utilizada para interpretar a função da empresa e para identificar diretrizes morais ou filosóficas para as operações empresariais. Berman, Wicks et al. (1999) observaram que a teoria normativa das partes interessadas tem recebido mais atenção devido à afirmação de Donaldson e Preston de que esta teoria é o aspeto definitivo da teoria das partes interessadas.

Freeman (1984) A teoria das partes interessadas não escapou às críticas.

2.2.1 Teoria das partes interessadas

Key (1999) identificou quatro grandes insuficiências da teoria. Em primeiro lugar, a explicação inadequada do processo, em segundo lugar, a ligação incompleta das variáveis internas e externas, em terceiro lugar, a atenção insuficiente ao sistema em que a empresa opera e aos níveis de análise dentro do sistema e, por último, a avaliação ambiental inadequada. A teoria das partes interessadas fornece uma explicação inadequada do comportamento da empresa no seu ambiente, uma vez que não existe uma lógica explicativa para as relações observadas. Para além do conceito de "afetar/afetado por", o trabalho de Freeman não aborda suficientemente a dinâmica que liga a empresa às partes interessadas identificadas.

Rowley (1997) sugeriu que as "redes" de partes interessadas se assemelhassem a uma rede ou malha, o que sugere complexidades ainda maiores. Talvez os grupos de partes interessadas não possam ser claramente identificados, mas sim os interesses que os grupos representam (internos vs. externos). Key (1999) argumenta que colocar a empresa como o principal interveniente pode ajudar a gestão em termos de estratégia e técnica, mas pode não fornecer uma explicação adequada ou realista do comportamento da empresa na sociedade, uma vez que isso vai contra o objetivo de integrar a empresa no sistema social.

Apesar destas críticas, a teoria das partes interessadas tem merecido grande atenção por parte dos académicos da área dos negócios e da sociedade, tanto nas operações das organizações como na investigação, com enfoque como ferramenta de investigação. A popularidade, especialmente entre os académicos, deve-se à representação de uma alternativa sólida aos conceitos vagos de desempenho social das empresas e de responsabilidade social das empresas (Key, 1999). A teoria das partes interessadas parece proporcionar clareza quanto aos responsáveis pela empresa. Trouxe maior credibilidade e aceitação ao princípio do desempenho social das empresas, segundo o qual as empresas estão inseridas num sistema de relações sociais que afectam e pelas quais são afectadas.

2.2.2 Avanço do envolvimento das partes interessadas

Para gerir os diversos pontos de vista e expectativas das diferentes partes interessadas, é necessário criar um quadro que assegure a unidade de objetivo e de orientação. Em diferentes momentos que uma organização considere adequados, através da consulta dos seus intervenientes, estes serão chamados a participar. O envolvimento das partes interessadas é um princípio importante da teoria das partes interessadas. O envolvimento das partes interessadas (envolvimento) é o processo utilizado por uma organização para envolver as partes interessadas relevantes com um objetivo claro de alcançar resultados aceites (Accountability, 2011). Implica identificar as partes interessadas, compreender e responder às suas questões e preocupações em matéria de sustentabilidade, e comunicar, explicar e responder perante as partes interessadas pelas decisões, acções e desempenho (Accountability, 2011).

O envolvimento das partes interessadas é cada vez mais importante para a elaboração de políticas, uma vez que os regulamentos exigem a participação da sociedade, mas também devido à complexidade crescente das questões políticas em geral, devido aos muitos grupos interessados, aos interesses concorrentes das partes interessadas e ao envolvimento de vários níveis políticos (regional, nacional e internacional). Descobrir qual é o problema e quais as soluções que podem funcionar são, de facto, parte do problema, e ter em conta as partes interessadas é um aspeto crucial da resolução de problemas (Bryson e Crosby 1992; Bardach, 1998).

2.2.3 Análise / Mapeamento das Partes Interessadas

Para poder identificar as partes interessadas, é necessário efetuar uma análise das partes interessadas. Lewis (1991) salienta a importância de efetuar qualquer identificação e análise das partes interessadas com uma definição abrangente. É fundamental identificar as principais partes interessadas, uma vez que estas devem ser satisfeitas para atenuar as falhas das políticas e estratégias das organizações (Huntington, 1996).

Sequeira e Warner (2007) identificam os conceitos e princípios fundamentais do envolvimento das partes interessadas como Identificação e análise das partes interessadas. Divulgação de informações, consulta das partes interessadas, negociação e parcerias, gestão de queixas, envolvimento das partes interessadas na monitorização, apresentação de relatórios às partes interessadas e funções de gestão. Sequeira e Warner (2007) definem a análise das partes interessadas como "uma metodologia utilizada para facilitar os processos de reforma institucional e política, tendo em conta e, muitas vezes, incorporando as necessidades daqueles que têm uma 'participação' ou um interesse nas reformas em consideração.

Com informações sobre as partes interessadas, os seus interesses e a sua capacidade de se oporem à reforma, os defensores da reforma podem escolher a melhor forma de as acomodar, assegurando assim que as políticas adoptadas são politicamente realistas e sustentáveis. A atenção prestada às partes interessadas é importante para satisfazer as pessoas envolvidas ou afectadas, de modo a que as suas necessidades sejam satisfeitas (Eden & Ackermann, 1998; Suchman, 1995; Alexander, 2000).

Pode não ser possível satisfazer ou envolver todas as partes interessadas, mas as principais partes interessadas devem ser envolvidas, pelo que é necessário criar um mecanismo adequado para identificar as principais partes interessadas (Stone, 1997). Bryson (2004) salienta o valor da análise das partes interessadas quanto à sua capacidade de dar contributos importantes para a criação de valor através do seu impacto nas funções ou actividades da gestão estratégica. Jepsen e Eskerod (2009) concluíram que o resultado da análise das partes interessadas deve ser sempre uma estratégia dos mecanismos de envolvimento das partes interessadas. Por conseguinte, a análise das partes interessadas ajudaria a identificar as principais partes interessadas e o que as satisfaria, o que, de facto, criaria valor.

A divulgação de informações implica a disponibilização de informações às partes interessadas de uma forma compreensível, uma vez que isso ajudará a garantir o cumprimento dos princípios de envolvimento das partes interessadas (Sequeira & Warner, 2007). A divulgação contribui para a transparência quando a informação fornecida é oportuna, objetiva, apoia a consulta e é facilmente acessível. É igualmente importante adaptar a informação às diferentes partes interessadas afectadas, expor as incertezas e, em caso de necessidade de mais informações, fornecer um contacto imediato.

Sequeira e Warner (2007) acrescentam que a contribuição das partes interessadas influenciará as decisões e constitui uma via para promover decisões sustentáveis. Isto pode ser concretizado através do reconhecimento e da comunicação das necessidades e interesses de todos os participantes, facilitando o envolvimento das pessoas potencialmente afectadas ou interessadas numa decisão. Além disso, o contributo das partes interessadas na conceção da forma como participam deve ser incorporado para lhes fornecer as informações de que necessitam para uma participação significativa.

Há várias razões pelas quais um interveniente pode participar ou não, voluntária ou automaticamente, devido à sua compreensão dos benefícios que daí advirão (Cleaver 1968). As diferentes partes interessadas têm diferentes capacidades para participar de forma significativa. A confiança tem sido apontada como um fator importante a desenvolver para permitir o envolvimento efetivo das partes interessadas (Pahl-Wostl, 2005). Hassan et al (2011) defendem que a confiança pode aumentar de baixa para alta à medida que as interações prosseguem. Os atributos da confiança são a abertura, a fiabilidade e a transparência. Outros factores são a capacidade técnica/capacidade dos participantes, sendo a capacidade definida como a competência, as aptidões, os conhecimentos e a capacidade (Aref et al, 2010). Além disso, os contextos culturais ou as condições locais, o feedback adequado e atempado são considerados factores importantes para a participação (Peelle et al.1996).

A cultura é definida como as normas, práticas e tradições partilhadas por um grupo de pessoas.

Ansell e Gash (2007) consideram que a capacidade dos intervenientes em termos de capacidade, organização, estatuto ou recursos para participarem em pé de igualdade com outros intervenientes é importante para garantir um envolvimento efetivo. Os desequilíbrios de poder e de recursos seriam problemáticos quando as partes interessadas importantes não dispõem de infra-estruturas organizacionais para serem representadas. Ansell e Gash (2007) reconhecem que os incentivos à participação são um fator crítico devido à capacidade dos intervenientes para atingirem os seus objectivos unilateralmente ou através de outros meios. Brown (2002) encontrou uma relação positiva direta entre a participação e os resultados efectivos. Futrell (2003) considera que o nível de importância do contributo de um interveniente é um fator crucial para a continuação da sua contribuição.

A liderança é importante para trazer as partes interessadas para a mesa de tomada de decisões (Ansell e Gash, 2007). A liderança é fundamental para estabelecer uma agenda e regras claras, facilitar o diálogo e desenvolver a confiança. A liderança também se manifesta através do empenhamento no processo. O nível de empenhamento foi considerado fundamental para o êxito ou o fracasso de uma estratégia, especialmente quando se trata de um organismo público (Yaffee & Wondolleck, 2003).

Foram utilizadas várias técnicas ou instrumentos para permitir a participação em função do tipo de participação, dos requisitos e dos objectivos. A eficácia do mecanismo adotado é avaliada pelo processo ou pelo seu resultado, tal como citado por Rowe e Frewer, 2005, e pode ser um fator que influencia a participação. Alguns dos mecanismos de participação incluem, mas não se limitam aos seguintes: audiências públicas, fóruns comunitários, grupos de discussão, comités consultivos de cidadãos, workshops facilitados, inquéritos e painéis de revisão. Também estão incluídos na lista a opinião pública, a conferência de consenso e o júri de cidadãos

(Rowe & Frewer 2005). Accountability (2011) reconhece as formas de envolvimento, tais como o envolvimento dos membros, o voto dos cidadãos, os roadshows para investidores, o diálogo com os trabalhadores e a negociação.

2.3 Envolvimento e desempenho das partes interessadas

Aregbeshola e Munano (2012) concluíram que a falta de envolvimento das partes interessadas conduz a um mau desempenho devido à fraca implementação do plano estabelecido. A adesão das partes interessadas é, por conseguinte, muito importante para o êxito de uma estratégia. Isto tem a ver, em parte, com a informação, os conhecimentos e a experiência que possuem e contribuem para o desenvolvimento do plano (Edelenbos e Klijn, 2006).

Dess et al (2012) sugerem o envolvimento das partes interessadas logo na fase de planeamento do desenvolvimento de uma estratégia para garantir a eficácia dos planos desenvolvidos. Edelenbos e Klijn (2006) salientam que o envolvimento das partes interessadas proporciona um contributo de qualidade em termos de criatividade, conduzindo assim a uma tomada de decisões de qualidade. Além disso, dá às partes interessadas uma maior satisfação e as hipóteses de uma implementação bem sucedida aumentam à medida que mais partes interessadas se sentem empenhadas no plano, pois o que é implementado reflecte as suas verdadeiras aspirações.

Lynch (2012) aconselha as organizações a não envolverem as partes interessadas apenas como uma atividade de "relações públicas", mas a enraizarem-nas devido ao valor que acrescentam ao processo de formulação e implementação da estratégia. A complexidade da teia das partes interessadas exige uma compreensão profunda do ambiente em que as estratégias serão implementadas, o que só pode ser compreendido em profundidade pelas pessoas afectadas ou não diretamente pelas estratégias. Laine e Vaara (2007) observam que a falta de participação pode nem sempre ser um problema numa organização, mas pode criar problemas durante a fase de implementação. Paris (2003) afirma que o envolvimento das partes interessadas no planeamento estratégico cria uma defesa externa para a organização.

Karl (2000) identificou três aspectos principais da participação que devem ser avaliados: o grau e a qualidade da participação, os custos e os benefícios da participação para os diferentes interessados e o seu impacto nos resultados, no desempenho e na sustentabilidade. DFID (1995) sublinha a importância de considerar as dimensões quantitativa, qualitativa e temporal da participação. As dimensões qualitativas do envolvimento também devem ser avaliadas, uma vez que o desempenho depende da capacitação dos participantes para assumirem maior responsabilidade e controlo.

2.4 Literatura empírica

Aregbeshola e Munano (2012) realizaram um estudo sobre a relação entre o envolvimento das partes interessadas no planeamento estratégico e o desempenho da organização na Universidade da Venda. Foram administrados questionários a uma população-alvo de 150 pessoas provenientes do pessoal académico, administrativo e dos serviços, dos estudantes e do pessoal de gestão, tendo sido devolvidos 130 questionários (taxa de resposta de 75,3%) e 113 questionários utilizáveis. O nível de envolvimento foi medido numa escala de Likert de 5 pontos. Mais de 67% dos inquiridos indicaram que a oportunidade proporcionada pela administração às partes interessadas da Universidade para participarem no processo de planeamento estratégico acabou por influenciar a implementação do plano estratégico.

Enquanto cerca de 19% não tinham a certeza da extensão desse impacto, cerca de 14% consideravam que a execução do plano estratégico não tem nada a ver com a oportunidade dada às partes interessadas de participarem no processo de planeamento. 67% dos inquiridos indicaram que a concessão de oportunidades aos membros do pessoal (independentemente do quadro organizacional) tem um impacto positivo na motivação do pessoal para implementar a estratégia de forma plena e dedicada, de modo a garantir uma melhoria do desempenho global da Universidade. O estudo concluiu que o êxito da implementação do plano estratégico assenta na oportunidade concedida às partes interessadas de participarem no processo de planeamento estratégico.

Mwikuyu (2009) efectuou um estudo sobre o grau de envolvimento das partes interessadas na formulação e implementação de estratégias no Fundo Nacional de Segurança Social. O estudo utilizou um guia de entrevista para obter respostas dos inquiridos, de modo a obter informações aprofundadas. O estudo teve como alvo os chefes de departamento, todos baseados na sede em Nairobi, Quénia. Os resultados da investigação revelaram que a maioria dos serviços pratica o planeamento estratégico e efectua uma análise das partes interessadas para determinar os interesses das várias partes interessadas. O estudo estabeleceu que a maioria dos departamentos envolve as suas partes interessadas na formulação e implementação da estratégia e que vários factores influenciam o grau de envolvimento dessas várias partes interessadas.

Owuor (2011) analisou o envolvimento das partes interessadas na formulação de estratégias em empresas públicas do Quénia. O estudo utilizou dados primários que foram recolhidos através de um questionário semi-estruturado com perguntas abertas e fechadas. Para uma amostra de 50 empresas públicas selecionadas aleatoriamente, foram selecionados gestores de nível superior e médio através da aplicação de um questionário semi-estruturado com perguntas abertas e fechadas. Os resultados da investigação revelaram que a maioria das empresas públicas pratica o planeamento estratégico, sendo que uma parte considerável não envolve consideravelmente as partes interessadas. A análise das partes interessadas foi efectuada para determinar as várias partes interessadas principais que podem afetar o processo de formulação da estratégia. Verificou-se que as diferenças nas actividades das empresas públicas e as caraterísticas dos grupos de intervenientes têm muita influência nos factores que influenciam o grau do seu envolvimento.

Obonyo (2013) procurou estabelecer e identificar o grau de envolvimento das partes interessadas no processo estratégico do Ministério da Terra, Habitação e Desenvolvimento Urbano e determinar o efeito do envolvimento das partes interessadas externas no desempenho do Ministério. Foi utilizada uma abordagem de estudo de caso que envolveu entrevistas à equipa de gestão de topo do Ministério. A conclusão da investigação foi que o envolvimento das partes interessadas no Ministério teve efeitos positivos no processo estratégico do Ministério, tais como a redução do tempo de implementação da estratégia, a redução da resistência do público às estratégias implementadas, atribuída à redução da resistência das partes interessadas, a melhoria da cooperação influenciou a legislação, as cartas de serviços e os requisitos do Ministério, as políticas de atendimento ao cliente e a partilha de informações.

Osano (2013) procurou determinar o grau de envolvimento das partes interessadas no processo de gestão estratégica das organizações não governamentais do sector da saúde no condado de Nairobi. O estudo definiu dois objectivos: determinar o grau de envolvimento das partes interessadas no processo de gestão estratégica das ONG do sector da saúde no Condado de Nairobi e estabelecer os factores que influenciam o envolvimento das partes interessadas no processo de gestão estratégica das ONG no Condado de Nairobi. Foi adotado um modelo de inquérito transversal para o estudo, tendo sido recolhidos dados de 83 organizações não governamentais de Nairobi através de questionários estruturados. Verificou-se que as ONG do sector da saúde em Nairobi envolvem as partes interessadas durante a formulação de políticas, mas não na avaliação do processo de gestão estratégica. O estudo também concluiu que os requisitos legais, os conhecimentos especializados e a autoridade detida por uma parte interessada para o êxito de uma atividade são os principais factores que influenciam o seu envolvimento no processo de gestão estratégica.

Lomunan, (2014) procurou determinar o envolvimento das partes interessadas na realização dos objectivos estratégicos da Tullow Oil, no Quénia. O estudo procurou determinar o envolvimento das partes interessadas no processo estratégico e na realização dos objectivos estratégicos. Foi utilizado um modelo de investigação de estudo de caso com recolha de dados através de entrevistas presenciais com o investigador. O entrevistador utilizou um guia de entrevista para cinco (5) inquiridos dos seis (6) visados, que pertenciam principalmente aos quadros superiores e intermédios da empresa. O estudo concluiu que o envolvimento adequado das partes interessadas conduziu a um aumento da eficiência e a uma redução dos custos nas suas operações, em resultado de uma maior cooperação e/ou da redução dos conflitos entre as partes interessadas. O estudo revelou ainda que o sucesso é facilmente alcançado quando uma empresa cultiva melhores práticas de envolvimento das partes interessadas, o que leva a um aumento dos resultados, a uma maior cooperação e coordenação com a comunidade local, o que conduziu significativamente a um processo bem sucedido de implementação da estratégia e, consequentemente, à realização dos objectivos organizacionais.

Okech (2014) estudou o envolvimento das partes interessadas no desenvolvimento da estratégia entre as empresas públicas da região costeira do Quénia, procurando determinar o grau de envolvimento das partes interessadas no processo de desenvolvimento da estratégia e estabelecer os factores que influenciam o envolvimento das partes interessadas no processo de desenvolvimento da estratégia das empresas públicas da região costeira. Foi utilizado um modelo de inquérito descritivo, sendo o instrumento de recolha de dados um questionário com perguntas fechadas e abertas. Das treze (13) empresas públicas sediadas na região costeira do Quénia visadas, onze (11) responderam, o que representa uma taxa de resposta de 85%. O estudo revelou que as empresas públicas envolvem as partes interessadas no processo de desenvolvimento da estratégia. O estudo também estabeleceu que as empresas consideram vários factores para decidir o nível de envolvimento das partes interessadas no processo de desenvolvimento da estratégia. O estudo concluiu que as empresas públicas envolvem as suas principais partes interessadas no processo de desenvolvimento da estratégia e consideram vários factores para decidir em que medida devem envolver as partes interessadas. O estudo recomenda que a direção das empresas públicas considere a possibilidade de envolver mais partes interessadas no futuro e que o governo considere a privatização para tornar as empresas mais eficientes.

2.5 Resumo da literatura analisada e lacunas de investigação

O nível de influência que as partes interessadas têm no desempenho de uma estratégia ou política tem sido amplamente discutido por vários investigadores. Aregbeshola e Munano (2012), Edelenbos e Klijn (2006) e Dess et al (2012) sublinham a importância de envolver as partes interessadas na estratégia da organização, principalmente devido à sua contribuição para o sucesso das estratégias devido à sua riqueza de conhecimentos. Embora estes estudos ofereçam uma visão sobre a importância do envolvimento das partes interessadas, foram realizados em jurisdições diferentes que não são semelhantes ao contexto queniano, pelo que a generalização das suas conclusões seria limitada.

Os estudos quenianos incidiram sobre outros sectores que não o dos transportes marítimos, pelo que o contexto é diferente. Por conseguinte, a presente proposta de investigação procura determinar o efeito do envolvimento das partes interessadas no desempenho da estratégia de segurança marítima da KMA no condado de Lamu.

CAPÍTULO 3

METODOLOGIA DE INVESTIGAÇÃO

3.1 Introdução

Este capítulo aborda a metodologia que foi empregue na recolha de dados, na análise dos dados e na comunicação dos resultados. O capítulo descreve em pormenor a conceção da investigação, a população utilizada no estudo, a amostra e a técnica de amostragem, a natureza dos dados recolhidos e, finalmente, a análise dos dados.

3.2 Conceção da investigação

Foi utilizado no estudo um inquérito transversal descritivo. Neste tipo de estudo de investigação, é selecionada toda a população ou um subconjunto da mesma e, a partir destes indivíduos, são recolhidos dados para ajudar a responder a questões de investigação de interesse. É designado por transversal porque a informação recolhida sobre os sujeitos representa o que se passa num único momento (Olsen e George, 2004).

O objetivo de um inquérito transversal descritivo é descrever uma população ou um subgrupo da população no que diz respeito a um resultado e a um conjunto de factores. O objetivo do estudo é encontrar a prevalência do resultado de interesse, para a população ou subgrupos dentro da população num determinado momento. Trata-se, portanto, de descrever, registar, analisar e interpretar condições que existem ou existiram (Kothari, 2004). Permitiu determinar se o envolvimento das partes interessadas é responsável pelo desempenho da estratégia de segurança marítima na área de aplicação, ou seja, no condado de Lamu.

3.3 População do estudo

A população do estudo era constituída por proprietários de embarcações, operadores de embarcações, utilizadores de embarcações, Unidade de Polícia Marítima, Serviços de Vida Selvagem do Quénia, Ministério dos Transportes - Condado de Lamu e pessoal da Autoridade Marítima do Quénia.

3.   4Tamanho da amostra   e técnica de amostragem

A amostragem aleatória estratificada é uma técnica utilizada para melhorar a precisão dos resultados do inquérito ou para reduzir o custo de um inquérito sem perder a precisão. Esta técnica garante que todas as partes da população estão representadas na amostra, a fim de aumentar a eficiência (Kothari, 2004). Este estudo utilizou a amostragem aleatória desproporcionada, que permite a utilização de diferentes fracções (percentagens) para cada subgrupo.

Todas as populações dos subgrupos do estudo foram amostradas, exceto os utilizadores de embarcações, devido à grande dimensão da população de utilizadores de pranchas. Para determinar a dimensão da população de utilizadores de embarcações, foi utilizada uma margem de erro de 8% e um nível de confiança de 95%, o que resultou numa dimensão da amostra de 140 utilizadores de embarcações inquiridos. O cálculo foi efectuado utilizando a calculadora de dimensão da amostra (Creative Research Systems, 1982). De acordo com Mugenda e Mugenda (2013), quando a população em estudo é inferior a 10 000, uma dimensão de amostra entre 10 e 30% é uma boa representação. Por conseguinte, uma população-alvo de 12% foi considerada adequada para o estudo, de acordo com a tabela 3.1 abaixo.

Quadro 3.1 Dimensão da amostra

STRATUM	POPULATION	SAMPLE	%AGE
Beach Management Units (BMU)	5	5	100
Boat users	1500	140	9.33
Maritime Police Unit	10	10	100
Kenya Wildlife Services	20	20	100
Ministry of Transport – Lamu County	5	5	100
Kenya Maritime Authority	6	6	100
TOTAL	1546	186	12%

Fonte: Autor (2015)

3.5 **Recolha de dados**

Os dados primários foram recolhidos através de um questionário estruturado com perguntas fechadas e abertas (Bulmer, 2004). O questionário é popular porque o investigador tem controlo sobre os dados no momento da recolha de dados. O questionário continha afirmações descritivas sobre o envolvimento e o desempenho das partes interessadas no processo da estratégia de segurança marítima numa escala de Likert, servindo como uma ferramenta importante para classificar as respostas dos inquiridos (Kothari, 2004). Os questionários foram administrados por correio e "drop and pick" dirigidos aos inquiridos identificados.

3.6 Análise de dados

A natureza dos dados recolhidos era largamente quantitativa, pelo que foram utilizadas ferramentas estatísticas descritivas de análise através da utilização da distribuição de frequências e de percentagens (Mugenda, 2003). Também foram utilizadas percentagens e frequências para mostrar a proporção de inquiridos que pontuam em relação ao grau de envolvimento dos intervenientes no desempenho da estratégia de segurança marítima. Os resultados foram apresentados sob a forma de gráficos e de tabelas para posterior interpretação e elaboração de relatórios, uma vez que permitem ao leitor comparar a tendência da distribuição de forma mais clara do que simplesmente olhar para os números.

Os dados foram analisados utilizando a regressão linear múltipla para determinar a relação entre a variável independente (envolvimento das partes interessadas na estratégia de segurança marítima) e a variável dependente (desempenho) na forma geral que se segue.

$$Y = \beta_0 + \beta_1 X1 + \beta_2 X2 + \beta_3 X3 + \beta_4 X4 + \beta_5 X5 + \beta_6 X6 + \varepsilon$$

Em que Y é a estratégia de segurança marítima Medida de desempenho

    3.7 = Identificação das partes interessadas

    X2 = Definição dos papéis das partes interessadas

    X3 = Convite das partes interessadas para os fóruns

    X4 = Desenvolvimento de planos de ação

    X5 = Comunicação dos resultados e dos planos de ação

    X6 = Acompanhamento do plano de ação, e

    β_1 .... β_6 são os parâmetros do modelo

    ε = O termo de erro

CAPÍTULO 4

ANÁLISE DOS DADOS, CONCLUSÕES E DISCUSSÃO

4.1 Introdução

Este capítulo apresenta as conclusões do estudo, a análise e a apresentação dos resultados. A análise baseia-se nos dados recolhidos junto de 159 inquiridos. Os questionários foram concebidos de acordo com os objectivos do estudo.

4.2 Taxa de resposta

Para atingir os objectivos do estudo, foi selecionado aleatoriamente um total de 186 inquiridos e todos eles receberam questionários através de "drop and pick" e por correio. No total, foram preenchidos com êxito 159 questionários, o que representa uma taxa de resposta global de 85%, que o estudo considerou adequada para análise. O quadro 4.1 apresenta um resumo dos resultados.

Tabela 4.1: Taxa de resposta

No.	STRATUM	SAMPLE	RESPONSES	%age
1	Beach Management Units	5	5	100%
2	Boat Users	140	116	83%
3	Maritime Police Unit	10	10	100%
4	Kenya Wildlife Service	20	18	90%
5	Ministry of Transport Lamu County	5	4	80%
6	Kenya Maritime Authority	6	6	100%
	TOTAL	**186**	**159**	**85%**

Fonte: Dados primários, 2015

Os resultados do quadro 4.1 mostram que a Unidade de Gestão das Praias, a Unidade de Polícia Marítima e a Autoridade Marítima do Quénia responderam a 100%. O Serviço de Vida Selvagem do Quénia apresentou a segunda melhor taxa de resposta, com 90%, seguido dos utilizadores de barcos, com 83%, e o Ministério dos Transportes do Condado de Lamu, com

80%, foi o que menos respondeu.

A média global de 85% de taxa de resposta é impressionante e considera-se que fornece dados suficientes para permitir a análise.

4.3 Perfil dos inquiridos

A parte A do questionário visava obter informações sobre o perfil dos inquiridos. Estes dados destinavam-se a ajudar o investigador a relacionar os factos relativos ao perfil dos inquiridos com a sua interação com a estratégia de segurança marítima. Foram considerados aspectos como o conhecimento da existência da estratégia de segurança marítima, o meio através do qual interagiram com a estratégia e se consideram que a estratégia corresponde aos seus interesses.

4.3.1 Transporte por água Composição dos inquiridos

O gráfico 4.1 apresenta a composição dos inquiridos nos questionários do estudo. Dos 159 inquiridos, 46% eram utilizadores, 26% eram operadores, 21% eram agentes de fiscalização e 7% eram outros. Os resultados pertinentes estão resumidos na Figura 4.1.

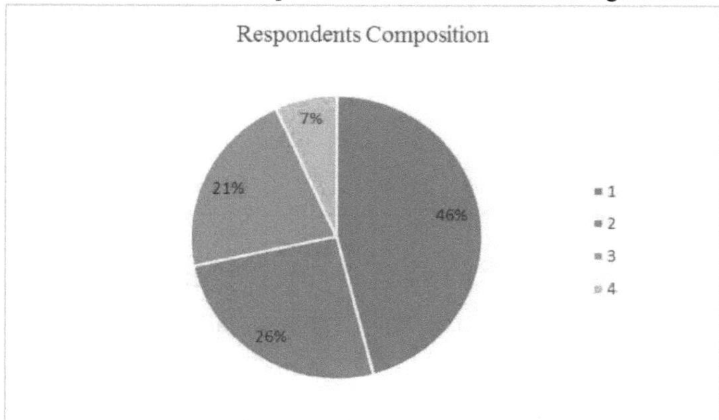

Figura 4.1: Composição dos inquiridos

Fonte: Dados primários, 2015

A variedade na composição dos inquiridos é importante para obter experiências e conhecimentos variados das diferentes partes interessadas. A representação das diferentes partes interessadas é importante para tirar conclusões válidas dos dados recolhidos sobre o seu envolvimento na estratégia de segurança marítima.

4.3.2 Período de utilização do transporte marítimo

O estudo procurou determinar a duração da utilização do transporte marítimo pelas partes
interessadas. Como indicado no Quadro 4.2, as unidades de gestão das praias, a polícia marítima,
o Ministério dos Transportes do Condado de Lamu e a Autoridade Marítima do Quénia contaram
com uma maioria de inquiridos que utilizaram o transporte marítimo por períodos de 6 anos ou
mais. Os utilizadores individuais de embarcações tinham períodos de utilização variados, com
34% a terem 6 ou mais anos de utilização, seguidos de utilizadores com menos de 1 ano, com
19%, 1 a 2 anos, com 18%, 3 a 4 anos, com 17%, e o menor período, 5 a 6 anos, com 11%. O
KWS também tinha uma experiência de utilização dispersa, sendo a maioria dos utilizadores de
6 e mais anos 33%.

Quadro 4.2: Período de utilização do transporte marítimo

Years	BMUs	Boat Users	Maritime Police Unit	KWS	MoT-Lamu County	KMA	Overall
Less than 1	0%	19%	0%	6%	0%	0%	14%
1 to 2	0%	18%	0%	28%	0%	17%	17%
3 to 4	20%	17%	20%	11%	0%	33%	17%
5 to 6	20%	11%	20%	22%	25%	0%	14%
6 and more	60%	34%	60%	33%	75%	50%	38%
Total	100%	100%	100%	100%	100%	100%	100%

Fonte: Dados primários, 2015

Como indicado no Quadro 4.2, a experiência global dos inquiridos com o transporte marítimo é
variada, sendo que a maioria, 38%, tem mais de 6 anos. A combinação de 1 a 2 anos e 3 a 4 anos
representa 34%. A proporção de inquiridos com mais de 3 anos de utilização do transporte
marítimo é de 69%, o que dá uma indicação do nível de experiência dos inquiridos no transporte
marítimo.

4.3.3 Partes interessadas Sensibilização para a estratégia de segurança marítima

O estudo procurou determinar a sensibilização das partes interessadas para a estratégia de segurança marítima. O conhecimento da estratégia de segurança marítima variou entre os diferentes grupos de inquiridos. O Ministério dos Transportes do Condado de Lamu apresentou a taxa de sensibilização mais baixa, com 25%. Os utilizadores de embarcações e a Unidade de Polícia Marítima, com níveis de sensibilização de 72% e 80%, respetivamente, representam uma sensibilização mais elevada. As unidades de gestão das praias, o Serviço de Vida Selvagem do Quénia e a Autoridade Marítima do Quénia, com níveis de sensibilização de 100% para a estratégia de segurança marítima, são um bom augúrio do seu papel na aplicação da estratégia. Os resultados revelam que os inquiridos têm conhecimento da estratégia de segurança marítima, conforme resumido na Tabela 4.3.

Quadro 4.3: Níveis de sensibilização para a estratégia de segurança marítima

No.	STRATUM	%age AWARE	%age NOT AWARE
1	Beach Management Units	100	-
2	Boat Users	72	28
3	Maritime Police Unit	80	20
4	Kenya Wildlife Service	100	-
5	Ministry of Transport Lamu County	25	75
6	Kenya Maritime Authority	100	-

Fonte: Dados primários, 2015

4.3.4 Meios de sensibilização para a estratégia de segurança marítima

O estudo procurou determinar os meios de comunicação através dos quais as partes interessadas obtiveram informações sobre a estratégia de segurança marítima. 48% dos inquiridos das Unidades de Gestão de Praias tomaram conhecimento da estratégia de segurança marítima através de workshops de sensibilização da KMA, 24% através de workshops de associações, 23% através dos meios de comunicação social e os restantes 5% através de outras fontes. Os utilizadores de embarcações tomaram conhecimento da estratégia de segurança marítima principalmente através dos meios de comunicação social (51%), seguidos de workshops de associações (31%) e de workshops de sensibilização da Autoridade Marítima do Quénia (14%), tendo os restantes obtido informações através de outras fontes. A Polícia Marítima indicou como vias de sensibilização para a estratégia de segurança marítima os seminários de associação (33%), outras fontes (25%), seguidos dos seminários da KMA (17%) e dos meios de comunicação (8%). O Serviço de Vida Selvagem do Quénia indicou como vias de sensibilização para a estratégia de segurança marítima os workshops da associação (13%), outras fontes (5%), os workshops da KMA (56%) e os meios de comunicação social (26%). Dos quatro inquiridos do Ministério dos Transportes do Condado de Lamu, três (75%) tomaram conhecimento da existência da estratégia de segurança marítima através dos meios de comunicação social e o restante (25%) através de outras fontes, como ilustrado na Figura 4.2.

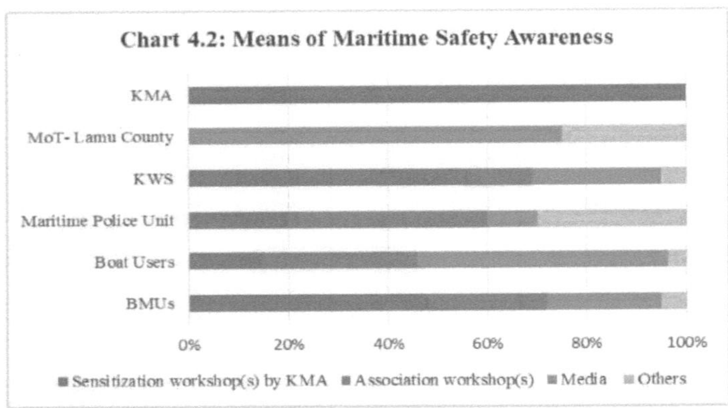

Figura 4.2: Meios de sensibilização para a segurança marítima

Fonte: Dados primários, 2015

Os resultados tabulados dos meios de sensibilização para a segurança marítima estão resumidos na Tabela 4.4. Os resultados indicam que o meio de sensibilização mais prevalecente são os seminários de sensibilização realizados pela KMA (40%), seguidos dos meios de comunicação social (31%). Os seminários da associação representam 18% dos meios de sensibilização dos inquiridos para a estratégia de segurança marítima, sendo outras fontes citadas por 11%. É importante que a estratégia de segurança marítima seja maioritariamente divulgada através dos seminários da KMA, uma vez que tal garante que a informação correta é fornecida às partes interessadas. O grande alcance dos meios de comunicação social é também um meio importante de divulgação da estratégia de segurança marítima.

Quadro 4.4: Meios de sensibilização para a segurança marítima

Means of Awareness	BMUs	Boat Users	Maritime Police Unit	KWS	MoT-Lamu County	KMA	Average
Sensitization workshop (s) by KMA	48%	14%	20%	56%	0%	100%	40%
Association workshop (s)	24%	31%	40%	13%	0%	0%	18%
Media	23%	51%	10%	26%	75%	0%	31%
Others	5%	4%	30%	5%	25%	0%	11%
TOTAL	**100%**	**100%**	**100%**	**100%**	**100%**	**100%**	**100%**

Fonte: Dados primários, 2015

4.3.5 Estratégia de Segurança Marítima Interesses das partes interessadas

O estudo procurou que os inquiridos indicassem se a estratégia de segurança marítima atendia aos seus interesses. As respostas estão resumidas na Tabela 4.5.

Quadro 4.5: Interesses das partes interessadas na estratégia de segurança marítima

No.	STRATUM	%age YES
1	Beach Management Units	89
2	Boat Users	81
3	Maritime Police Unit	80
4	Kenya Wildlife Service	83
5	Ministry of Transport Lamu County	09
6	Kenya Maritime Authority	97

Fonte: Dados primários, 2015

Os resultados do Quadro 4.5 indicam que as partes interessadas ficaram satisfeitas com a estratégia, tendo todas obtido uma aprovação superior a 80%, exceto o Ministério dos Transportes do Condado de Lamu.

4.4 Envolvimento das partes interessadas na formulação da estratégia de segurança marítima O estudo procurou determinar o grau de envolvimento das partes interessadas na estratégia de segurança marítima no condado de Lamu. Por conseguinte, foi pedido aos inquiridos que indicassem em que medida estavam envolvidos na aplicação da estratégia de segurança marítima. O estudo utilizou uma escala de classificação de cinco pontos que vai de "nenhum" a "muito grande", por ordem ascendente. Os resultados são apresentados no quadro 4.6.

Quadro 4.6: Envolvimento das partes interessadas na estratégia de segurança marítima

Level/stage of involvement	BMUs	Boat Users	Maritime Police	KWS	MoT Lamu
Stakeholders are informed of the policies and decisions that	3	1	4	4	1
have been made					
Stakeholders are only heard before policies and decisions are made but their say may not be considered	2	2	1	3	1
Stakeholder have a controlled influence on the strategy and projects of the organization	3	3	4	3	1
Stakeholders have a chance to assess the strategic management process	3	3	4	4	2

Stakeholders assess and review the ideas during the strategic management process	4	4	4	4	1
Stakeholders are given a chance to contribute their own ideas during the strategic management process	4	3	5	5	1

Fonte: Dados primários, 2015

Os resultados da Tabela 4.6 revelam que, em grande medida, os inquiridos se sentem envolvidos na formulação da estratégia de segurança marítima. Todos os grupos de inquiridos indicaram a sua preocupação em relação aos seus contributos, uma vez que atribuíram a classificação mais baixa de 2 (pequena dimensão). O Ministério dos Transportes de Lamu foi o grupo que se sentiu menos envolvido na formulação da estratégia, tendo os restantes grupos manifestado a sua satisfação com o nível de envolvimento e consideração.

4.4. 1Fases de envolvimento das partes interessadas

O estudo procurou determinar em que medida as partes interessadas foram envolvidas durante as diferentes fases do processo de gestão da estratégia. O estudo utilizou uma escala de classificação de cinco pontos que vai de "nenhum" a "muito grande", por ordem ascendente. Os resultados são apresentados no Quadro 4.7.

Tabela 4.7: Fases de envolvimento das partes interessadas

Stages of Stakeholder Involvement	BMUs	Boat Users	Martime Police	KWS	MoT Lamu
Identification of relevant stakeholders	3	1	3	2	1

	2	3	2	2	2
Defining the stakeholders roles	2	3	2	2	2
Invitation of stakeholders to forums	3	3	3	4	2
Development of action plans	2	1	2	2	1
Communication of outputs and action plans	3	3	3	3	1
Follow up on action plan	3	5	4	4	2

Fonte: Dados primários, 2015

A partir dos dados apresentados no Quadro 4.7, o Ministério dos Transportes do Condado de Lamu informou que não está envolvido na Estratégia de Segurança Marítima. Os utilizadores de embarcações atribuíram uma pontuação baixa à identificação das partes interessadas relevantes e ao desenvolvimento de planos de ação, mas sentiram-se muito envolvidos no acompanhamento dos planos de ação. As BMUs e a Polícia Marítima foram as mais envolvidas com uma pontuação moderada e superior em quatro dos seis parâmetros. O KWS obteve uma pontuação moderada e superior em 3 dos 6 parâmetros. Pode ver-se que todos os grupos de partes interessadas, exceto o Ministério dos Transportes de Lamu, se sentem envolvidos na Estratégia de Segurança Marítima, apropriando-se dela e implementando-a para garantir o seu sucesso.

4.4.2 Lacunas no envolvimento das partes interessadas

O estudo procurou determinar se existiam lacunas no envolvimento das partes interessadas e se era necessário melhorar o desempenho da estratégia de segurança marítima. Os inquiridos obtiveram uma pontuação superior a 50%, indicando que era necessário melhorar o nível do seu envolvimento. Os resultados relevantes estão resumidos na Tabela 4.8.

Quadro 4.8: Lacunas no envolvimento das partes interessadas

No.	STAKEHOLDERS	%age
1	BMUs	59
2	Boat Users	65
3	Maritime Police Unit	70
4	Kenya Wildlife Service	63
5	Ministry of Transport Lamu County	100
6	Kenya Maritime Authority	67

4.5 Efeito do Envolvimento dos Stakeholders no Desempenho da Estratégia de Segurança Marítima

O estudo procurou determinar o efeito do envolvimento das partes interessadas na estratégia e no desempenho da segurança marítima. Assim, foi pedido aos inquiridos que indicassem em que medida concordavam com os atributos associados aos resultados da aplicação da estratégia de segurança marítima. O estudo utilizou uma escala de classificação de cinco pontos que vai de "nenhum" a "muito grande" por ordem ascendente. Os resultados são apresentados no quadro 4.9.

Quadro 4.9: Resultados da aplicação da estratégia de segurança marítima

Achievement	Scale
Mobilization of resources e.g. search and rescue boats, oil spill equipment, funds	1
Reduction of accidents/incidents	3
Increased safety standards in compliance to regulations	3
Crew training	4
Suitable/adequately maintained safety equipment on board	3
Adequate crewing levels	5
Vessel seaworthy, stable and/or sufficiently loaded	1
Non-Impairment due to adequate rest (not fatigued) or free from the influence of alcohol and/or drugs	3
Adequate enforcement of regulations	3
Protective clothing being worn on board	5

Fonte: Dados primários, 2015

A partir dos dados apresentados na Tabela 4.9, a mobilização de recursos e a navegabilidade dos navios não foram alcançadas no processo de implementação da estratégia de segurança marítima.

A melhoria dos níveis de tripulação adequada e do nível de utilização de meios de salvação (vestuário de proteção) a bordo dos navios foi atribuída à implementação da estratégia, conforme indicado pela pontuação de 5 nos atributos de desempenho. Dos dez atributos, observou-se que oito melhoraram graças à estratégia de segurança marítima.

4.6 Factores importantes para a segurança marítima

Foi pedido aos inquiridos que classificassem os factores importantes para a segurança marítima, sendo 6 o fator mais importante e 1 o menos importante. Os dados relevantes são apresentados no Quadro 4.10.

Quadro 4.10: Factores importantes na estratégia de segurança marítima

Rank	Factors
1	Safety Education of the users of maritime transport
2	Safety condition of the vessel
3	Skills of the vessels operators
4	Enforcement of the safety regulations
5	Availability of necessary safety appliances e.g. life jackets
6	Stringent safety regulations

Fonte: Dados primários, 2015

Os inquiridos classificaram a educação para a segurança como o fator mais importante na estratégia de segurança marítima, seguido das condições de segurança do navio, das competências do operador do navio, em terceiro lugar, e da regulamentação rigorosa em matéria de segurança, que foi classificada como o fator menos importante.

4.7 A relação entre o envolvimento das partes interessadas no sector marítimo
Estratégia e desempenho em matéria de segurança

Para determinar a relação entre o envolvimento das partes interessadas na estratégia de segurança marítima e o desempenho, o estudo adoptou uma análise de regressão múltipla para verificar a importância da relação estatística entre as variáveis de envolvimento das partes interessadas e o desempenho. Isto foi feito para atingir o objetivo do estudo: estabelecer a relação entre o envolvimento das partes interessadas e o desempenho da estratégia de segurança marítima no condado de Lamu. O modelo geral obtido tinha, portanto, a seguinte forma

$$Y = 19{,}5054 + 0{,}20X1 - 0{,}48X2 + 0{,}03X3 - 0{,}30X4 - 0{,}12X5 + 0{,}32X6$$

O resultado da análise estatística dos dados é ilustrado na Tabela 4.11.

Tabela 4.11: Resumo dos coeficientes do modelo

	Coefficients	*Standard Error*	*t Stat*	*P-value*	*Lower 95%*	*Upper 95%*
Intercept	19.5054	1.3857	14.0760	0.0000	16.7589	22.2518
X Variable 1	0.2011	0.3034	0.6630	0.5088	(0.4002)	0.8025
X Variable 2	(0.4817)	0.3271	(1.4724)	0.1438	(1.1301)	0.1667
X Variable 3	.0334	0.2575	0.1295	0.8972	(0.4771)	0.5438
X Variable 4	(0.3004)	0.2905	(1.0340)	0.3034	(0.8761)	0.2754
X Variable 5	(0.1150)	0.3170	(0.3628)	0.7174	(0.7433)	0.5132
X Variable 6	0.3177	0.2331	1.3626	0.1758	(0.1444)	0.7798

Fonte: Cálculo a partir de dados primários, 2015

Com o número de acidentes/incidentes num ano utilizado como parâmetro de desempenho da estratégia de segurança marítima, os resultados da regressão apresentados na tabela 4.11 indicam que pelo menos 19,5 (aproximadamente 20) acidentes ocorrerão num ano com o desempenho a piorar (acidentes mais elevados) devido à forma de identificação das partes interessadas (fator de +0,20), convite para fóruns (+0,03) e acompanhamento dos planos de ação (+0,32). Os coeficientes positivos indicam que estas variáveis aumentarão o valor da variável dependente (acidentes). O papel das partes interessadas (-0,48) foi considerado o mais significativo na redução dos acidentes (melhor desempenho). O desenvolvimento de planos de ação (-0,30) e a comunicação dos planos de ação (-0,12) também foram considerados significativos para um melhor desempenho da estratégia de segurança marítima. Isto aponta para a importância do planeamento e do envolvimento das principais partes interessadas no processo para a obtenção de resultados favoráveis.

4.7. 1Coeficientes de regressão   (resumo do modelo)

A partir da Tabela 4.12, o coeficiente de determinação (a variação percentual na variável dependente que é explicada pelas alterações nas variáveis independentes) foi utilizado para verificar a significância do modelo. O coeficiente de determinação (R^2) de 0,0563 mostra que 5,63% da variação no desempenho da estratégia de segurança marítima é explicada pelas alterações na identificação das partes interessadas, definição dos papéis das partes interessadas, convite das partes interessadas para fóruns, desenvolvimento de planos de ação, comunicação dos resultados e planos de ação e acompanhamento do plano de ação, deixando 94,37% por explicar. O modelo de regressão obtido para este estudo não pode, por conseguinte, ser utilizado para prever o desempenho da segurança marítima. O R quadrado ajustado de 0,43% mostra igualmente que o modelo não constitui uma boa estimativa da relação entre as variáveis.

Table 4.12:   Coeficientes de regressão (resumo do modelo)

Regression Statistics	
Multiple R	0.2372
R Square	0.0563
Adjusted R Square	0.0043
Standard Error	3.3501
Observations	116.000

Fonte: Cálculo a partir de dados primários, 2015

4.7.2Análise   de Variância (ANOVA)

Foi utilizada a ANOVA para analisar o efeito das variáveis independentes (identificação das partes interessadas, definição dos papéis das partes interessadas, convite das partes interessadas para os fóruns, desenvolvimento de planos de ação, comunicação dos resultados e implementação do plano de ação) na variável dependente (acidentes), conforme resumido na Tabela 4.13. A significância calculada (F) de 1,0834 é maior do que a significância crítica (F) de 0,3769. Isto indica que as variáveis independentes têm um efeito estatisticamente significativo na variável dependente. Esta análise mostra um efeito positivo no envolvimento das partes interessadas na implementação da estratégia de segurança marítima no condado de Lamu, Quénia.

Table 4.13:   Análise de variância

	df	SS	MS	F	Significance F
Regression	6.0000	72.9569	12.1595	1.0834	0.3769
Residual	109.0000	1,223.3449	11.2233		
Total	115.0000	1,296.3017			

Fonte: Cálculo a partir de dados primários, 2015

4.8 Discussão

Esta secção discute os resultados em conformidade com os objectivos do estudo. Como observa Lewis (1991), a identificação das partes interessadas e a realização de uma análise das partes interessadas determinarão o valor do envolvimento das partes interessadas. Além disso, (Huntington, 1996) salienta a importância de identificar as principais partes interessadas, uma vez que estas devem ser satisfeitas para atenuar as falhas das políticas e estratégias das organizações.

O primeiro objetivo era determinar o efeito do envolvimento das partes interessadas no desempenho da estratégia de segurança marítima da KMA no condado de Lamu, no Quénia. A análise indica diversos níveis de perceção do envolvimento das partes interessadas. O Governo do Condado de Lamu tem um papel considerável na aplicação da estratégia de segurança marítima no condado, mas obteve uma pontuação muito baixa no envolvimento das partes interessadas. Outros inquiridos manifestaram um envolvimento e uma sensibilização significativos para a estratégia de segurança marítima, evidenciados pelo aumento da utilização de meios de salvação e pela redução dos níveis de incidentes/acidentes. Esta observação foi apoiada pelos resultados da análise de variância (ANOVA) resumidos na Tabela 4.13. Os resultados estão de acordo com a literatura teórica e empírica deste estudo, que apoia o envolvimento das partes interessadas na estratégia.

O segundo objetivo era determinar a relação entre o envolvimento das partes interessadas na estratégia de segurança marítima e o desempenho no condado de Lamu,

Quénia. O estudo adoptou uma análise de regressão múltipla para verificar a importância da relação estatística entre as variáveis de envolvimento das partes interessadas, que incluíam as variáveis independentes (Identificação das partes interessadas, Definição dos papéis das partes interessadas, Convite das partes interessadas para fóruns, Desenvolvimento de planos de ação, Comunicação dos resultados e planos de ação e Acompanhamento do plano de ação) e a variável dependente (Desempenho).

O coeficiente de correlação de 0,2372 do resumo do modelo na Tabela 4.12 indica uma correlação positiva fraca entre as variáveis dependentes e independentes consideradas em conjunto. Quando a análise da relação entre as variáveis independentes individuais que representam o envolvimento das partes interessadas e o desempenho da estratégia marítima foi realizada, foram observadas relações variadas. Isto permite observar que outros factores, como o curto período de tempo desde o início da implementação da estratégia de segurança marítima e o estudo, podem ter efeito no desempenho de uma estratégia.

CAPÍTULO 5

RESUMO, CONCLUSÕES E RECOMENDAÇÕES

5.1 Introdução

Este capítulo apresenta o resumo dos resultados do capítulo 4, as conclusões dos resultados e fornece recomendações e sugestões para estudos futuros.

5.2 Resumo das conclusões

Este estudo foi realizado com o objetivo de estabelecer o efeito do envolvimento das partes interessadas no desempenho da estratégia de segurança marítima da KMA no condado de Lamu, no Quénia. Além disso, o estudo procurou determinar a relação entre o envolvimento das partes interessadas na estratégia de segurança marítima e o desempenho no condado de Lamu, no Quénia.

Foram administrados questionários às partes interessadas do sector marítimo no condado de Lamu, incluindo as unidades de gestão das praias, os utilizadores de embarcações, os serviços de vida selvagem do Quénia, a unidade de polícia marítima, o Ministério dos Transportes do condado de Lamu e o pessoal da Autoridade Marítima do Quénia. Os dados primários recolhidos foram analisados com recurso a ferramentas estatísticas descritivas e à análise de regressão múltipla. O número de acidentes/incidentes, a utilização de meios de salvamento (conformidade) e uma tripulação qualificada adequada, entre outros factores, representaram o desempenho da estratégia, que revela melhorias a partir dos resultados. A variável independente utilizada foi a identificação das partes interessadas, a definição dos papéis das partes interessadas, o convite das partes interessadas para os fóruns, o desenvolvimento de planos de ação, a comunicação dos resultados e dos planos de ação e o acompanhamento do plano de ação.

Os resultados do estudo no capítulo 4 mostram que as partes interessadas foram envolvidas na implementação da estratégia, com 100% da BMU a responder que tem conhecimento da estratégia de segurança marítima e 72% dos utilizadores de embarcações. As agências de execução registaram uma taxa de resposta elevada, com 80% da Unidade de Polícia Marítima e 100% do pessoal dos Serviços de Vida Selvagem do Quénia e do pessoal da KMA. Estes resultados mostram que tanto o público (clientes), que são os principais interessados, como os organismos de controlo estão muito conscientes e envolvidos na estratégia de segurança marítima. O indicador de melhoria do desempenho foi, com efeito, a redução dos incidentes e acidentes e a utilização de meios de salvação (vestuário de proteção). No entanto, o Ministério dos Transportes do Condado de Lamu registou 25% de sensibilização para a estratégia marítima. Isto pode ser uma indicação de complexidades administrativas entre as funções do governo do condado e do governo nacional, que podem exigir uma definição clara para permitir a aplicação efectiva da estratégia de segurança marítima.

A análise de regressão múltipla sugere uma relação fraca entre as variáveis independentes (Identificação das partes interessadas, Definição dos papéis das partes interessadas, Convite das partes interessadas para os fóruns, Desenvolvimento de planos de ação, Comunicação dos resultados e planos de ação, e, Acompanhamento do plano de ação) utilizadas no modelo e a variável dependente (Desempenho). O coeficiente de correlação de 0,2372 do resumo do modelo no capítulo quatro (Tabela 4.12) indica uma correlação positiva fraca entre as variáveis dependentes e independentes consideradas em conjunto. Quando a análise da relação entre as variáveis independentes individuais que representam o envolvimento das partes interessadas e o desempenho da estratégia marítima foi realizada, foram observadas relações variadas. No entanto, as relações não foram consideradas significativas, conforme indicado pelos níveis de probabilidade dos coeficientes (p), que eram superiores a 0,05.

5.3 Conclusão

De acordo com as conclusões acima referidas, o envolvimento das partes interessadas é importante para a aplicação efectiva da estratégia de segurança marítima. A participação dos interessados deve

abranger todas as partes interessadas, incluindo as envolvidas na prestação de serviços, o público (clientes) e os organismos de controlo. De acordo com a análise efectuada, o Ministério dos Transportes do Condado de Lamu manifestou, em geral, falta de sensibilização e de envolvimento na estratégia de segurança marítima. Esta lacuna deve ser colmatada com urgência, pois a situação atual pode prejudicar a aplicação futura da estratégia de segurança marítima, uma vez que o Governo do Condado de Lamu tem uma grande influência nas operações do condado. A comunicação contínua da estratégia e o seu acompanhamento são igualmente importantes para garantir o apoio contínuo da estratégia pelas partes interessadas.

Os resultados da análise de regressão mostram que o envolvimento das partes interessadas não teve um efeito significativo no desempenho da estratégia de segurança marítima em Lamu. Isto pode dever-se, em grande medida, ao período de tempo em que a estratégia esteve em vigor e ao facto de o sistema do condado ser novo, com a sua quota-parte de desafios. Os desafios podem incluir a definição dos papéis do Governo do Condado de Lamu em termos da implementação da estratégia de segurança marítima.

5.4 Limitações do estudo

O estudo foi efectuado apenas dois anos após a entrada em vigor da estratégia de segurança marítima. O período de tempo pode não ter sido suficiente para a recolha de dados que permitissem uma análise adequada e a obtenção de uma conclusão válida. Para obter melhores resultados, o período de tempo poderia ser alargado para 10 anos, a fim de captar o efeito das variáveis de forma mais abrangente. Lamu está a desenvolver-se para se tornar uma cidade portuária, pelo que a aplicação da estratégia de segurança marítima e o envolvimento das partes interessadas ainda se encontram na fase primária para permitir uma análise adequada do seu efeito no desempenho.

5.5 Recomendações

O estudo corrobora alguns dos estudos anteriores, estabelecendo uma forte ligação entre a participação das partes interessadas no planeamento estratégico e o êxito final da aplicação da estratégia de segurança marítima. A partir do exposto, pode concluir-se que a implementação bem sucedida da estratégia tem como premissa o apoio de toda a comunidade de partes interessadas; a incapacidade de assegurar esse apoio pode ser auto-destrutiva e contraproducente. Nessa medida, a necessidade de envolver todas as partes interessadas no planeamento estratégico torna-se inevitável. O envolvimento das partes interessadas é fundamental para o desempenho da estratégia de segurança marítima e, como tal, a sua identificação e envolvimento nas fases-chave é muito importante.

5.6 Sugestões para investigação futura

O estudo foi efectuado no condado de Lamu, que é um porto em desenvolvimento. O mesmo estudo pode ser realizado em Mombaça, que é um porto de escala há décadas, para determinar se o envolvimento das partes interessadas afecta o desempenho da estratégia de segurança marítima.

CAPÍTULO 6

REFERÊNCIAS

Norma de Responsabilidade do Envolvimento das Partes Interessadas. (2011). Norma AA1000 para o envolvimento das partes interessadas. Responsabilidade.

Alexander, E. (2000). Rationality Revisited. Planting Paradigms in a PostPostmodernist Perspective. Journal of Planning Education and Research, 19, 242-256.

Ansell, C. & Gash, A. (2007). Collaborative Governance in Theory and Practice. Journal of Public Administration Research and Theory, 18, 543571.

Aref, F., Ma'rof, R., Sarjit, G. (2010). Community capacity building: A review of its implications in tourism development. Journal of American Science, 6(1), 172-180.

Aregbeshola, R. e Munano, M. (2012). A Relação entre o Envolvimento dos Stakeholders no Planeamento Estratégico e o Desempenho da Organização. Um Estudo da Universidade da Venda. International Business & Economics Research Journal (IBER), 11(11).

Atkinson, A. A., J. H. Waterhouse e R. B. Wells (1997). A stakeholder approach to strategic performance measurement. Sloan Management Review Spring: 25-37.

Bardach, E. (1998). Getting Agencies to Work Together: The Practice and Theory of Managerial Craftsmanship. Washington, DC: Brookings Institution Press.

Berle, A. & Means, G. (1932). Private Property and the Corporation. New York: Macmillan.

Berman, S., A. Wicks, et al. (1999). Does Stakeholder Orientation Matter? The Relationship between Stakeholder Management Models and Firm Financial Performance (A relação entre os modelos de gestão das partes interessadas e o desempenho financeiro da empresa). Academy of Management Journal, 42(5), 488-506.

Brown, A. J. (2002). Collaborative governance versus constitutional politics: Decision rules for sustainability from Australia's South East Queensland forest agreement. *Environmental Science and Policy,* 5,19-32.

Brummer, J. J. (1991). *Corporate Social Responsibility and Legitimacy. An Interdisciplinary Analysis,* Nova Iorque: Greenwood.

Bryson, J. e Crosby, B. (1992). *Leadership for the Common Good: Tackling Public Problems in a Shared Power World,* São Francisco, CA: Jossey-Bass.

Bryson, J. M., (2004). O que fazer quando as partes interessadas são importantes: técnicas de identificação e análise das partes interessadas. *Public Management Review,* 6, 2153.

Bulmer, M. (Ed.). (2004). *Questionnaires, Sage Benchmarks in Social Science Research Methods,* (1ª Edição.). Sage Publications, Londres.

Capon, C. (2008). *Compreender a gestão estratégica.* Universidade de Staffordshire. Prentice Hall. Chandler, A. D. (1962). *Strategy and Structure.* MIT Press. Cambridge.

Cole, G. A. (1997). Strategic Management: Theory and Practice. (2nd Edition). Londres: Letts Educational.

Cooper, D. R., & Schindler, P. S. (2003). Business Research Methods. (12th Edition). McGraw-Hill/Irwin.

Creative Research Systems (1982). Calculadora de tamanho de amostra. Recuperado de http://www.surveysystem.com/sscalc.htm em 23 de julho de 2015.

D'aveni, G. (1994). Stakeholder Cohesion, Innovation and Competitive Advantage. Emerald Group Publishers Limited.

Dess, G.G; Lumpkin, G.T; Eisner, A.B; McNamara, G e Kim, B. (2012). Gestão Estratégica: Criando Vantagens Competitivas. (6ª Edição). Irwin, McGraw-Hill.

DFID. (1995). Stakeholder Participation and Analysis. Londres: Divisão de Desenvolvimento Social, DFID.

Dodd, E. & Merrick Jr. (1932). For whom Are Corporate Managers Trustees? *Harvard Law Review*, 45(7): 1145-63.

Donald, T, J, & Preston, L. E. (1995). A Teoria dos Stakeholders e a Corporação: Concepts, Evidence and Implications. *Academy of Management Review*, 20 (1995).

Edelenbos, J. e Klijn, E-H. (2006). Managing Stakeholder Involvement in Decision Making: A Comparative Analysis of Six Interactive Processes in the Netherlands (Uma análise comparativa de seis processos interactivos nos Países Baixos). Journal of Public Administration Research and Theory, 16(3): 417-446.

Eden, C. e Ackermann, F. (1998). Making Strategy: The Journey of Strategic Management. Londres: Sage Publications.

Freeman, E. (1984). Stakeholder Theory of the Modern Corporation (Teoria das partes interessadas da empresa moderna). Journal of Management Studies, 39(1), 1-21.

Freeman, E. (1991). Divergent Stakeholder Theory. Academy of Management Review. 24 (2), 233-236.

Freeman, E. (1999). Strategic Management: A Stakeholder Approach. Boston: Pitman.

Freeman, E. (2010). Gestão Estratégica: A Stakeholder Abordagem: Cambridge University Press.

Friedman, T. (2000). The Lexus and the Olive Tree: Understanding Globalization, Nova Iorque: Anchor.

Governo do Quénia. (2010). Lei da Marinha Mercante, 2010: Kenya Law Reports.

Governo do Quénia. (2006) Lei da Autoridade Marítima do Quénia, 2006: Kenya Law Reports.

Governo do Quénia. (2010). A Constituição do Quénia: Conselho Nacional de Relatórios Jurídicos.

Harrison, S. e Wicks, C. (2013). Teoria das partes interessadas, valor e desempenho da empresa. Business Ethics Quarterly, 23(1), 97-124.

Huntington, S. (1996). The Clash of Civilizations and the Remaking of World Order. New York: Simon & Schuster.

Governo irlandês. (2015). Nova estratégia de segurança marítima para reduzir as mortes no mar. De: http://www.merrionstreet.ie/en/News-Room/NewMaritime S afety Strate gy to reduce fatalities at sea.html.

Jepsen, A., L.& Eskerod, P. (2009). Análise das partes interessadas em projectos: Desafios na utilização das diretrizes actuais no mundo real. Jornal Internacional de Gestão de Projectos, 27(4), 335-343.

Johnson, G., Scholes, K., & Whittington, R. (2008). Explorando a estratégia corporativa. (8th Ed). New York: Prentice Hall.

Karl, M. (2000). Monitoring and Evaluating Stakeholder Participation in Agriculture and Rural Development Projects: A Literature review [online]. Recuperado de http://www.fao.org/sd/PPdirect/PPre0074.htm em 6th julho de 2015.

Kasuku, S. (2012). Projeto do Corredor de Transportes Porto Lamu-Sudão do Sul-Etiópia (LAPSSET). Secretariado de Coordenação do Projeto do Corredor LAPSSET. Nairobi. Quénia.

Key, S. (1999). Toward A New Theory of the Firm: A Critique of Stakeholder "Theory". *Management Decision,* 37(4), 317-328.

Autoridade Marítima do Quénia (KMA). (2014). Contrato de desempenho entre o Governo do
Quénia. Ministério dos Transportes e Infra-estruturas e Conselho de Administração,
Autoridade Marítima do Quénia, 2014 - 2015. Autoridade Marítima do Quénia.

KMA. (2012). Plano Estratégico 2013 - 2018. República do Quénia. Autoridade Marítima do
Quénia.

KMA. (2012). Censo das embarcações aquáticas e relatório do inquérito de base. República do
Quénia. Autoridade Marítima do Quénia.

Gabinete Nacional de Estatística do Quénia (KNBS). (2009). Factos e Números 2009. Obtido
de
http://www.knbs.or.ke/mdex.php?option=com phocadownload&view=cat
egory&id=20:kenya-facts-figures 7th julho de 2015.

Serviço Nacional de Estatística do Quénia (2014) Facts and Figures 2014. Obtido de
http://www.knbs. or. ke/index.php?option=com phocadownload&view=cat
egory&id=20:kenya-facts-figures&Itemid=595 7th julho, 2015.

Kothari, C.R (2004). Metodologia de investigação: Methods & Techniques. Nova Deli: New
Age International (P) Limited Publishers.

Laine, P. M. e Vaara E. (2007). Struggling Over Subjectivity: A Discursive Analysis of Strategic
Development in Engineering Group. Journal of Human Relations, 60 (1):29-58.

Condado de Lamu (2015). Governo do condado de Lamu. Sobre Lamu. Recuperado

27th janeiro, 2015. De. http: //www.lamu.go.ke.

Lamu Boat Coxswains protestam contra os Regulamentos da Autoridade Marítima (2014,
setembro, 29). Recuperado em 28th janeiro, 2015. De.
http://coastweek.com/3739-Lamu-boat-coxswains-protest-over-maritime- autoridade.

Lewis, C. (1991). O desafio ético no serviço público: A Problem-Solving Guide. São Francisco, CA: Jossey-Bass.

Lomunan, O.K. (2014). Envolvimento das Partes Interessadas na Realização de Objectivos Estratégicos na Tullow Oil, Quénia. (Projeto de MBA não publicado). Escola de Gestão, Universidade de Nairobi, Quénia.

Lynch, R. (2012). Strategic Management. 6ª edição. Pearson Education Limited, Essex, Reino Unido.

Mokhele. T. (2015). Conferência Nacional Marítima. Criação de Clusters Marítimos como motores estratégicos no desenvolvimento de uma economia azul. A perspetiva africana: Autoridade Marítima do Quénia.

Mugenda, O. M., & Mugenda, A. G. (2003). Métodos de Investigação: Quantitative and Qualitative Approaches. Nairobi: Actos Press.

Mwikuyu, J.M (2009). The Extent of Stakeholder Involvement in Strategy Formulation and Implementation in the National Social Security Fund. (Projeto de MBA não publicado), Escola de Gestão, Universidade de Nairobi, Quénia.

Obonyo, F.A (2013). O envolvimento das partes interessadas como estratégia para melhorar o desempenho organizacional no Ministério da Terra, Habitação e Desenvolvimento Urbano do Quénia. (Projeto de MBA não publicado), Escola de Gestão, Universidade de Nairobi, Quénia.

Organização para a Cooperação e Desenvolvimento Económico (OCDE). (2004) Principles of Corporate Governance: OCDE, Paris.

Okech, D.A. (2014). Envolvimento das Partes Interessadas no Desenvolvimento de Estratégias em Empresas Estatais na Região Costeira do Quénia. (Projeto de MBA não publicado), Escola de Gestão, Universidade de Nairobi, Quénia.

Oslen, C., e George, M. M. (2004). Conceção de estudos transversais e análise de dados: Programa de Jovens Bolseiros de Epidemiologia, Universidade Walden - Chicago, Illinois.

Osano, M. (2013). Envolvimento das partes interessadas no processo de gestão estratégica em organizações não governamentais baseadas na saúde no condado de Nairobi, Quénia. (Projeto de MBA não publicado), Escola de Gestão, Universidade de Nairobi, Quénia.

Owuor, G. O. (2011). Envolvimento das partes interessadas na formulação de estratégias em empresas públicas do Quénia. (Projeto de MBA não publicado), Escola de Gestão, Universidade de Nairobi, Quénia.

Paris, K.A. (2003). Strategic Planning in the University (Planeamento Estratégico na Universidade): University of Wisconsin System Board of Regents, EUA.

Pearce, J. A. (2011). Strategic Management: Formulation, Implementation, and Control, (2ª Edição). Boston: McGrawHill.

Pretty, J. (1995). As muitas interpretações da participação. In Focus, 16, 4-5. Editora.

Rowley, T. (1997). Moving Beyond Dyadic Ties: A Network Theory of Stakeholder Influences, Academy of Management Review, 22(4), 887-910.

Rowe, R. e Frewer, L. J. (2005). A Typology of Public Engagement Mechanisms (Uma tipologia dos mecanismos de participação do público). Science Technology and Human Values, 30(2), 251-290.

Rowley, T. (1998). Does Relational Context Matter? An Empirical Test of a Network Theory of Stakeholder Influences. Apresentado na reunião de 1998 da Academy of Management. San Diego, CA.

Sequeira, D., & Warner, M. (2007). Stakeholder Engagement: A Good Practice Handbook for Organisations Doing Business in Emerging Markets. Corporação Financeira Internacional.

Stone, D. (1997). Policy Paradox and Political Reason. New York: W. W. Norton.

A Estrela. (setembro, 29 2014). Proprietários de barcos de greve param Lamu. Retrieved from http://www.the-star.co.ke/news/article-192424/strike-boat-owners-halts- transit-lamu on 26th January, 2015.

Suchman, M. (1995). Managing Legitimacy: Strategic and Institutional Approaches. Academy of Management Review, 20(3), 571 -610.

Swanson, D.P. (2000). Corporate Profitability. Journal of Cash Management, 13(4), 3-58.

Os transportes em Lamu estão paralisados porque os operadores protestam contra as taxas. (2014, setembro, 29). Baraka FM. Recuperado de http://barakafm.org/2014/09/29/transport-in-lamu-paralysed-as-boat- operators-protest-over-certification-fees em 26th janeiro, 2015.

Turner R.K., Burgess, D., Hadley, D., Coombes, E., e Jackson, N., (2007). A cost-Benefit Appraisal of Coastal Managed Realignment Policy (Uma avaliação custo-benefício da política de realinhamento da gestão costeira). Global Environmental Change, 17, 397-407.

Yabs, J. (2010). Strategic Management Practices. A Kenyan Perspective, Applications And Cases (2nd Edition). Nairobi: Lelax Global (K) Ltd.

Yaffee, Steven L., e Julia Wondolleck (2003). Processos colaborativos de planeamento ecosistémico nos Estados Unidos: Evolução e desafios. *Environments,* 31(2), 59-72.

APÊNDICE 1 QUESTIONÁRIO PARTE A: Análise dos antecedentes

Nome: ....

1. Indivíduo [ ] Organização [ ]

2. É utilizador, operador ou agente de execução de transportes de água?

- Utilizador   [ ]
- Operador   [ ]
- Agente de execução [   ] especificar

- Outro   [ ] especificar

3. Número de anos utilizados: Indicar, assinalando (V), consoante o caso

- Menos de 1   [ ]
- 1-2   []
- 3-4   []
- 5-6   [ ]
- 6 e mais [ ]

4. Tem conhecimento de uma estratégia de segurança marítima?

- Sim [ ]
- Não [ ]

5. Como é que teve conhecimento da estratégia de segurança marítima?

- Workshop(s) de sensibilização pelo KMA   [ ]
- Workshop(s) da associação   [ ]

- Meios de comunicação social, ou seja, jornal, sítio Web da KMA, anúncio televisivo, etc.[ ]

- Outros   [ ] especificar

6. A estratégia de segurança marítima responde aos seus interesses?

- Sim [ ]

- Não [ ]

PARTE B: Envolvimento das partes interessadas

7. Seguem-se os níveis de envolvimento das partes interessadas durante um processo de gestão da estratégia. Numa escala de 1 a 5 (5-Muito grande, 4-Grande, 3-Moderado, 2-Pequeno, 1-Nenhum), indique (assinalando o que for apropriado) em que medida esteve envolvido ou a sua organização envolveu as partes interessadas

Level/stage of involvement	1	2	3	4	5
i) Stakeholders are informed of the policies and decisions that have been made					
ii) Stakeholders are only heard before policies and decisions are made but their say may not be considered					
iii) Stakeholder have a controlled influence on the strategy and projects of the organization					
iv) Stakeholders have a chance to assess the strategic management process					
v) Stakeholders assess and review the ideas during the strategic management process					
vi) Stakeholders are given a chance to contribute their own ideas during the strategic management process					

8. Seguem-se as fases de envolvimento das partes interessadas durante um processo de gestão da estratégia. Numa escala de 1 a 5 (5-Muito grande, 4-Grande, 3-Moderado, 2-Pequeno, 1-Nenhum), indique (assinalando conforme adequado) em que medida esteve envolvido ou a sua organização envolveu as partes interessadas

Stages of Stakeholder Involvement	1	2	3	4	5
i) Identification of relevant stakeholders					
ii) Defining the stakeholders roles					
iii) Invitation of stakeholders to forums					
iv) Development of action plans					
v) Communication of outputs and action plans					
vi) Follow up on action plan					

9. Existem lacunas no envolvimento das partes interessadas necessárias para melhorar o desempenho da estratégia de segurança marítima?

- Sim [ ]
- Não [ ]

Em caso afirmativo, indique as lacunas abaixo;

i...

ii..

iii...

iv...

v..

PARTE C: Efeito do envolvimento das partes interessadas no desempenho da estratégia de segurança marítima

10. Numa escala de 1 a 5 (5-Muito grande, 4-Grande, 3-Moderado, 2-Pequeno, 1-Nenhum), em que medida a aplicação da estratégia de segurança marítima permitiu a obtenção dos seguintes atributos? Assinalar a opção correta.

Achievements	1	2	3	4	5
i) Mobilization of resources e.g search and rescue boats, oil spill equipment, funds					
ii) Reduction of accidents/incidents					
iii) Increased safety standards in compliance to regulations					
iv) Crew training					
v) Suitable/adequately maintained safety equipment on board					
vi) Adequate crewing levels/solo operation					
vii) Vessel seaworthy, stable and/or sufficiently loaded					
viii) Non-Impairment due to adequate rest (not fatigued) or free from the influence of alcohol and/or drugs					
ix) Adequate enforcement of regulations					
x) Protective clothing being worn on board					

11) Na sua opinião, qual é o fator mais importante para a segurança marítima? Classifique os factores assinalando-os de forma adequada, sendo 6 (seis) o mais importante e 1 (um) o menos importante.

Factors	1	2	3	4	5	6
i) Skills of the vessels operators						
ii) Safety Education of the users of maritime transport						
iii) Availability of necessary safety appliances						
e.g. life jackets						
iv) Stringent safety regulations						
v) Safety condition of the vessel						
vi) Enforcement of the safety regulations						

A preencher pela Autoridade Marítima do Quénia

12) Por favor, indique os valores para os respectivos anos

Performance Measures	20xx	20xx	20xx	20xx	20xx
i) Mobilized resources: ii) Search and rescue boats, iii) Emergency Funds for Oil spill, Search & Rescue					
iv) Number of accidents/incidents					
v) Compliance levels to regulations (Percentage)					
vi) Number of crews trained					
vii) Crewing levels					
viii) Vessel seaworthy, stable and/or sufficiently loaded					
ix) Accidents/incidents caused by Impairment due to inadequate rest (fatigue), influence of alcohol and/or drugs					
x) Level of regulations enforcement					
xi) Income from vessel compliance as at 30th June, 2015					

Printed by Books on Demand GmbH, Norderstedt / Germany